吃可愛長大
CUTE_EATERS

吃可愛長大

咪卡———著

我不是媽寶，但世界上最好吃的料理就是我媽媽煮的！

大學畢業後，我到高雄讀研究所，因為沒有代步工具，只有二條腿的行動能力實在不高，所以無法開發美食，從那時開始我嘗試在宿舍廚房中做出好吃的東西（吃貨無誤）。

那段時間打電話給媽媽的第一句話都是問：「媽～那個炒飯怎麼炒？」、「媽～滷牛肉要滷多久？」、「媽～為什麼我的排骨這麼硬啦！」。

不只動手煮，我也開始隨手記錄下媽媽的食譜，但因為我的調味料、廚具並不齊備，老是缺東缺西，所以我會自己簡化食譜！一次偶然用插畫分享食譜，結果收到來自粉絲跟朋友們的大大回饋！

之後分別去了韓國和美國留學，我也會時不時的回去看粉專的手繪食譜尋找自己的晚餐靈感，也會在美國和我的朋友分享來自台灣的味道！現在變成每天追著媽

媽問說：「醬油要幾匙啊？」，媽媽永遠的回答都是：「欸～～就感覺啊！」。

　　為了讓新手的你也可以輕鬆煮出美味家常菜，我總是盡責的問到底！在這邊要感謝阿琴（我的媽媽）很有耐心的回答我，還有滷蛋、哥哥嫂嫂一直幫忙試味道。

　　如果有一天，你也得離開家到外頭住、甚至離開台灣。期待這本書可以幫你在小廚房裡煮出溫暖的台灣家常菜。

　　除了阿琴料理的好味道外，咪卡也有自己的獨門減脂料理！靠著自己手作減脂餐跟有氧運動，曾經在五個月中體脂降了 9%，實現在家就能輕鬆瘦！減脂期的我喜歡在早上吃得又飽又營養，可以好好的穩定一天的食欲，所以裡面有很多減脂早餐可放心食用的三明治！

　　另外另外，沙拉也是我的愛！書中也分享許多低卡醬汁的調法，所有的料理都盡可能達到少油少鹽，讓大家不只吃得開心也可以健康的瘦下來！

活力滿點的一天
開啟網紅模式的早餐日記

新手也能輕鬆駕馭
成就感100分的家常菜

我家就是異國餐館
韓式、日式、義式……絕對比你想像中簡單

低熱量高蛋白
絕對好吃，妥妥減脂健康餐

美味料理，一起這樣畫！
iPad app | PROCREATE教學……112

活力滿點的一天

開啟網紅模式的早餐日記

提拉米蘇燕麥

TIRAMISU

❶ 鋪一層燕麥
黑咖啡浸泡

❷ 厚鋪優格
擺上香蕉

❸ 灑上可可粉

❹ 再鋪一層燕麥·重複❷

材料

燕麥…2匙
堅果碎…1匙
黑咖啡…少許
香蕉…1根

作法

❶ 在保鮮盒裡鋪一層燕麥用淺淺的黑咖啡浸泡（真的不要倒太多）如果不喝咖啡可以用可可取代。

❷ 厚鋪上優格擺上香蕉片。

❸ 灑上可可粉。

❹ 再鋪一層燕麥後重複步驟2，然後冰隔夜。

❺ 最後灑上可可粉、堅果碎！就完成啦！

- - - - 冰隔夜 - - - -

5 灑上可可粉＆堅果碎

OAT

Mica

如果你比較怕酸的話，
可以在優格裡加一點糖漿或蜂蜜呦。
大家快點做起來！明天早餐就知道要吃什麼了。

蛋沙拉三明治

作法

1. 煮一鍋水，水滾下 2 顆蛋，1 顆煮 7 分鐘，1 顆煮 10 分鐘。

2. 取一顆煮 10 分鐘的全熟蛋切碎，蛋白不要切太碎，保留口感加入少許鹽、1 小匙煉奶、1 匙美乃滋，調製成蛋沙拉。

3. 取 2 片土司抹上蛋沙拉，中間放入半熟蛋。

4. 以烘焙紙用力包緊土司後，再包一層。

5. 從中間切開後即完成。

· · · · · ·   Step Diagram   · · · · · ·

❶ 水滾轉小火下2顆蛋
煮 7 mins & 10 mins

7分   10分

少許   鹽   全熟蛋   美乃滋
1匙

❷ 調製蛋沙拉

1茶匙

煉奶

煉奶

!蛋白!
不要切太碎

❺從中切開

❹包緊後接口朝下
再包一層、用力

❸2片土司抹上蛋沙拉
中間放半熟蛋

粉漿蛋餅

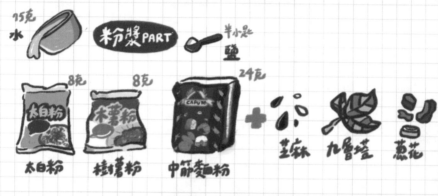

材料

蛋⋯1顆
玉米粒⋯適量
泡菜⋯適量

粉漿材料

水⋯75克
太白粉⋯8克
樹薯粉⋯8克
中筋麵粉⋯24克
九層塔⋯適量
芝麻⋯適量
蔥花⋯適量
鹽⋯半小匙

作法

❶ 將粉漿的所有材料均勻攪拌成麵糊備用。

❷ 平底鍋刷油後倒入適量麵糊,以中火煎至兩面金黃餅皮取出備用。

❸ 平底鍋再刷油後打入一顆散蛋,蓋上餅皮。

❹ 翻面後放上玉米粒、泡菜。

❺ 捲起塑形好即可起鍋。

❻ 切好 盛盤,完成。

❶ 刷油倒麵糊中火
　煎至兩面金黃取出

❷ 刷油打入散蛋
　蓋上餅皮∷

❸ 翻面後放上料

班乃迪克蛋

❶ 沸水轉小火加入半匙白醋
攪出漩渦，加入蛋煮、2 mins

English Muffin

❸ 馬芬堡烤熱

❷ 煎脆培根

④調低脂荷蘭醬

Eggs Benedict

材料

蛋…2顆
馬芬堡…1個
培根…2片

低脂荷蘭醬材料

黃芥茉…1匙
蜂蜜…2匙
希臘優格…4匙
黑胡椒…適量
鹽…適量

作法

❶ 取一個鍋子煮水，水滾後轉小火加入半匙白醋，攪出漩渦，打入蛋煮 2 分鐘，取出備用。

❷ 取一平底鍋煎脆培根後取出備用。

❸ 馬芬堡烤熱後放上培根和蛋。

❹ 將荷蘭醬所有材料攪拌均勻，淋在馬芬堡上即可以享用。

培根流心蛋

①厚片用湯匙中間壓凹

③放上2片培根

融化奶油

蒜泥

1顆蛋

蔥花

②刷上香蒜醬

④ 打入一顆
雞蛋!!

氣炸
180℃
13mins

材料

蛋…1顆
厚片吐司…1片
培根…2片

香蒜醬材料

奶油…15克
蒜泥…1瓣
蔥花…1支

作法

❶ 厚片吐司用湯匙把中間壓凹。

❷ 把香蒜醬材料全部攪拌均勻,刷在厚片吐司上。

❸ 厚片吐司放上2片培根。

❹ 再打上一顆雞蛋,放入氣炸鍋內,以攝氏180度氣炸13分鐘後即完成(視火力調整)。

新手也能輕鬆駕馭

成就感 100 分的家常菜

麻油松阪豬

① 麻油2大匙煸乾薑片

x30g

材料

松板豬…100g
杏鮑菇…1條
薑…30g
紅棗…8顆
蒜苗…1小段
鹽…適量

作法

① 麻油 2 大匙用來煸乾 30 克薑片。

② 把薑片煸出香氣後邊邊微捲曲後加入水（約 3 碗～ 4 碗），敢吃酒味的可以加酒更香！

③ 水滾後加入 1 條滾刀狀杏鮑菇、松阪豬、8 顆紅棗。

④ 用鹽調味！煮至滾後起鍋前加入蒜苗（也可再加點麻油～）！

② 煸至金黃,邊微捲曲加入水

④用鹽調味
出鍋前加蒜苗

X1條　X8顆

③滾後加入
菇杞菇、松阪豬
紅棗···

Mica

欸等等這樣就完成了嗎？
對的對的！松阪豬脆脆的！
湯頭濃郁讓冷冷的天裡身體都暖和起來了。

絲瓜蛋花湯

材料

絲瓜⋯1條
杏鮑菇⋯1條
蛋⋯1顆
薑絲⋯2片
鹽⋯適量

作法

① 絲瓜先切對半後再切成片。
② 鍋內倒入2匙油加熱爆香薑絲。
③ 杏鮑菇切成片。
④ 鍋內倒入絲瓜和杏鮑菇後，再倒入半鍋水。
⑤ 水滾後加入1顆打散的蛋。
⑥ 再次滾起後調味後即完成。

❶ 絲瓜切對半後切成片

❷ 2匙油爆香薑絲

❸杏鮑菇切成片

❹加入杏鮑菇 &半鍋水

2匙油爆香薑絲

❺加入1顆 打散的蛋

調味!

爆炒小卷

❶4隻小卷燙熟

1條　3瓣蒜

❷小卷斜切3大塊

❸3匙油炒香蒜末&辣椒
再加入小卷翻炒

×3匙　×1.5小匙　×3匙

醬油　糖　米酒

❹加入調料：
大火翻炒1min
出金局前加九層塔

材料

小卷…4隻
辣椒…1條
蒜頭…4瓣
九層塔…適量

調味料
醬油…3匙
糖…1.5小匙
米酒…3匙

作法

❶ 小卷燙熟。

❷ 把熟小卷每隻分切成
　 3大塊。

❸ 起油鍋倒入3匙油放
　 入蒜、辣椒炒香，再
　 放入熟小卷翻炒。

❹ 加入醬油、糖、米酒
　 調味料，以大火快炒
　 一分鐘，起鍋前加入
　 九層塔拌炒即完成。

焗烤風味櫛瓜

黑胡椒　鹽　孜然粉　咖哩粉　番茄醬

少許　½匙　½匙　2匙

❶櫛瓜去頭去尾剖開

❷挖出瓜芯

❸將瓜芯剁成丁！

❹調味瓜芯

Mica

這樣就完成啦！櫛瓜真的是個寶藏，
好吃、熱量低，大家快來試試看。

⑤ 瓜芯填回灑上起司絲

or 氣炸 180度 20mins
烤箱 230度 20mins

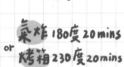

材料

櫛瓜…1條
起司絲…隨喜好

瓜芯調味料

黑胡椒…少許
鹽…少許
孜然粉…1/3匙
咖哩粉…1/3匙
番茄醬…2匙

作法

① 櫛瓜去頭去尾後剖成兩半。
② 用湯匙挖出瓜芯。
③ 把瓜芯剁成丁！
④ 調味瓜芯。
⑤ 瓜芯填回灑上起司絲。
⑥ 氣炸鍋以攝氏 180 度／ 20 分鐘，或烤箱以攝氏 230 度／ 20 分鐘！

蒜頭雞湯

Step Diagram

雞皮朝下，半熟加入蒜頭&薑川燙即起！

10粒！

1支！

彩起熱水也煮吧！！

加入香菇&吉鮑菇

加入香菇水&水沒過菜

10mins

Mica

先收藏起來，等天氣變冷時煮起來，
喝下湯的瞬間，真的會全身暖呼呼的。
快 tag 妳的小廚神朋朋，讓他燉湯給你喝！

材料

雞肉⋯300g
乾香菇⋯數朵（用水泡發）
杏鮑菇⋯1條
蔥⋯1支（切段）
蒜頭⋯10瓣

雞肉醃料（雞肉先醃30分鐘）
醬油⋯1匙
米酒⋯1匙
水⋯半碗
白胡椒⋯少許

作法

❶ 將醃好的雞肉，雞皮朝下入鍋中煎至半熟後，放入 10 顆蒜頭和一支蔥段翻炒。

❷ 炒香後加入杏鮑菇和香菇拌炒，再加入香菇水跟水至淹沒食材。

❸ 蓋上蓋子煮 10 分鐘。

❹ 再追加 5～8 粒蒜頭後，用鹽調一下味。

❺ 再蓋上蓋子煮 15 分鐘後灑上胡椒粉，完成啦！（為什麼要分兩次加入蒜頭呢？因為第一批放進去的會被煮化，但是我超愛吃綿綿的蒜頭，所以我會再放一點！）

PREP.

醃雞肉30mins

乾香菇泡水

再加入5-8粒蒜頭&鹽

加胡椒
煮15mins

×1匙　×1匙　×半碗　×少許

乾燒蝦子

❶ 加入2匙油,乾煎蝦子

材料

蝦子…7隻
蒜頭…5瓣
蔥…1支
辣椒…1條

調味料
醬油…1.5匙
米酒…2匙

作法

❶ 鍋內加入 2 匙油乾煎蝦子（阿琴用了 7 隻蝦子）。

❷ 蝦子兩面煎香後加入 5 瓣蒜頭爆香（蒜頭拍開就可以不用切。）。

❸ 加入調味料和辣椒大火翻炒 2 分鐘。

❷ 蝦子兩面煎香後加入5瓣蒜頭爆香

PREP.

蝦子剪刀開背
並去除腸泥

x1.5匙　x2匙

x1條

③ 加入醬油、米酒和
辣椒翻炒2mins

加入蔥
翻炒

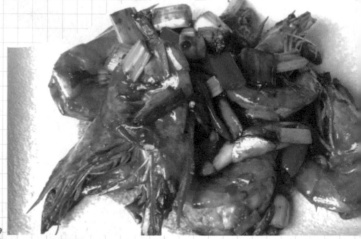

Mica

蝦子開背，去除沙泥，這樣處理過的蝦子吃起來
更方便，形狀也更好看！
出鍋前加入蔥翻炒，就完成啦！是不是超級簡單
的？我覺得靈魂應該是在那個醬料的比例。

蒜香骰子牛

材料

骰子牛…100g
蒜粒…12瓣

醬汁

醬油…1匙
蠔油…1匙
糖…1小匙
黑胡椒粉…半匙

牛肉不老祕密（醃
15分鐘）

油…1匙
太白粉…1匙

作法

1. 鍋內倒入油，用小火將蒜頭煎至兩面金黃。

2. 加入切成塊狀的牛肉用中火慢煎。

3. 牛肉 7 分熟的時候加入醬汁。

4. 翻炒至牛肉快全熟時，用大火收乾醬汁這樣就完成啦！

① 小火煎蒜粒至金黃

② 加入骰子牛… ! 中火 !

蒜粒 x12

各1匙醃 15mins
油
太白粉

骰子牛

1匙　1匙　1小匙　半匙
醬油　蠔油　糖　黑胡椒

③牛肉7分熟加入醬汁

④大火收乾醬汁!!

Mica

是不是超級無敵霹靂簡單的?
在飛往美國的飛機上爆睡 10 小時後開始畫食譜,
被空服員誇獎畫得很可愛,顆顆!
大家一起做起來吧!中午就決定是你了,

蝦仁滑蛋

····· Step Diagram ·····

❶ 2大匙油煎蝦至半熟加入蒜末

4 蒜末

❸ 3顆蛋T＋蔥花＋蝦＋1小匙醬油拌均匀

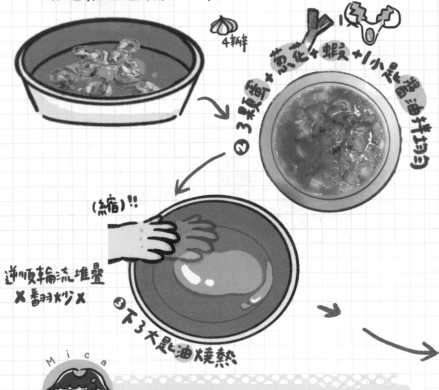

(縮)!!

遞順輪流堆疊
✗翻炒✗

❹ 下3大匙油燒熱

Mica

好啦！希望大家會喜歡，快 tag 你的廚神好友／室友／家人讓他們煮給你吃。

這就是全部的步驟，如果想更清楚了解堆疊步驟，可以去「大象發福廚房」的 IG 貼文看影片。

材料

蛋⋯3顆
蔥⋯1支

調味料
醬油⋯1小匙

蝦子預處理
將蝦子開背去殼、除蝦線、用1小匙米酒、1/4小匙的鹽、1/2小匙玉米粉，抓醃5~10分鐘。

作法

1. 用 2 大匙油煎蝦仁至半熟，再加入 4 瓣蒜末炒至全熟。
2. 把蝦子跟蒜撈起來放入碗中，加入蛋液中攪拌均勻。
3. 下 3 大匙油燒熱鍋子，至手放在鍋上會受不了熱度的程度。
4. 下蛋液關火，用鍋鏟推蛋，順逆時針交替平行堆疊，不可以翻炒喔！推至 7 分熟就可以盛盤了。

PREP.
除蝦線
開背去殼
×9尾
抓醃 5-10mins

米酒 1小匙　鹽 1/4小匙　玉米粉 1/2小匙

4 下蛋液關火 滑至7分熟

煎烤櫛瓜

切多厚？

一 (≒2節)
小号柱盐碎

❶油熱下櫛瓜
中火煎至兩面上色

❷兩面上色後
灑上鹽…

氣炸鍋
180°C / 8-10 mins

烤箱
200°C / 8-10 mins

材料

櫛瓜…1條

調味料
鹽…適量
義式香料…適量

作法

1. 把 1 條櫛瓜切成 2 公分的厚度（約小拇指1 指節）。鍋中放油下櫛瓜，煎至兩面呈金黃。

2. 兩面呈金黃後，灑上鹽。

3. 放入氣炸鍋以攝氏180 度烤 8 ～ 10 分鐘。或是烤箱攝氏200 度烤 8 ～ 10 分鐘。

4. 最後灑上義式香料粉就完成啦！是不是很簡單？

Mica

大家知道櫛瓜的熱量超級低嗎？超適合減脂的！
這個是所有料理小白都可以輕鬆上桌的西式高級
料理喔。

番茄牛肉麥面

❶ 牛腱泡血水 2 hr.
水滾放入燙 1 min.

x 8 甜辣   x 3 根   x 半顆

120 c.c.

❷ 1大匙香油炒香加牛腱、醬油 炒

中大火煮滾
↓
中小火 30 mins
紅蔥頭
↓SUGAR
小火 1.5 hr.

❸ 加入 400 c.c. 水
160 c.c. 米酒、滷包
···燉大燉燉···
加入白糖 2大匙   泡 4 hr.

❹ 牛腱肉
冷藏 1 晚!

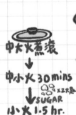

湯底調味 *慢慢加!

鹹 甜

⑤ 滷汁加2碗水&食材 中小火蓋蓋燉40mins

➘撈出番茄外食材!

滷牛腱材料

牛腱…1顆
蒜…8瓣
蔥段…3根
洋蔥…半顆
辣椒…2根

滷牛腱調味料

醬油…120cc
滷包…1包
米酒…160cc
水…400cc
糖…2大匙

牛肉麵材料

蒜…5瓣
番茄…2顆
蔥結…3根
洋蔥…1/4顆
蘋果…半顆
蔥…1根
水…2碗水

作法

滷牛腱

❶ 一顆牛腱泡血水2小時後，再放入滾水中燙1分鐘。

❷ 蒜拍開、蔥切段、洋蔥切塊，用1大匙香油炒香蒜、蔥段、洋蔥後，加入牛腱和120cc醬油再度翻炒。

❸ 加入400cc的水、160cc的米酒、1個滷包，中大火蓋上蓋子煮滾，以中小火煮30分鐘。接著加入糖2大匙、辣椒2根，以小火燉1.5小時，關火泡4小時。

❹ 滷好的牛腱冷藏一個晚上更好吃，隔天可以把滷汁濾乾淨，再用來滷豆乾、滷蛋、海帶。

煮牛肉麵

❶ 滷汁加入蒜頭、番茄、洋蔥、蘋果半顆、蔥結、水，以中小火蓋上蓋子煮40分鐘（蒜頭要拍開、番茄切塊、洋蔥切條、蘋果切大塊、蔥綁成結）。

❷ 中間調味的時候如果不夠鹹加醬油，不夠甜加糖，但請少少量慢慢加，大家滷汁的量不一樣、鹹度不一樣，要自己調比較適合口味。

❸ 除了番茄外的料都撈出來後，加入煮好的麵跟滷蛋還有青菜就完成啦！

x5瓣 x2顆
蒜頭 番茄
x¼顆
洋蔥
x半顆 x1根
蘋果 蔥結

瓜仔雞

❶雞翅剁成三節

❸加入雞翅
煎至微黃

❷3匙油加入
2顆蒜末

 材料

雞翅…3隻
蒜末…2顆量
脆瓜…1罐

調味料
醬油…1匙
糖…1.5匙
水…150ml

作法

① 雞翅剁成三節。
② 鍋內加入 3 匙油和 2 顆量蒜末。
③ 加入雞翅煎至微黃。
④ 倒入脆瓜、醬油、糖和水,以小火煮 10 分鐘後即完成。

④ 加入脆瓜、醬油、糖 一起
水 150ml 小火煮 10mins

青椒肉絲

Step Diagram

❶ 豬肉切絲加入
蠔油・醬油・米酒各1匙

23匙油加入
2瓣蒜末 蒜末&辣椒 半條

材料

豬肉片…100克
青椒…1顆
蒜末…2瓣
辣椒…半條

醃料

蠔油…1大匙
醬油…1大匙
米酒…1大匙

調味料

水…1/3碗
蠔油…1小匙
糖…1小匙
香油…適量

作法

❶ 豬肉片切成絲，用蠔油、醬油、米酒各1大匙抓醃。

❷ 起油鍋，倒入3匙油，加入蒜末、辣椒炒香。

❸ 加入豬肉絲用小火炒至八分熟。

❹ 最後加入青椒和調味料炒均，起鍋前淋上香油即完成。

46
47

❸ 加入豬肉絲
小火炒至8分熟

出鍋淋香油

❹ 加入青椒 + 調料
大火炒至肉熟
1顆
水 ½碗
蠔油1匙
糖1小匙

薑汁燒肉

材料

高麗菜…少許
洋蔥…1/8顆
蔥白…半根
豬肉…200公克
番茄…半顆
味醂…半匙
蜂蜜…2匙

調味料

糖…1小匙
醬油…3匙
水…2匙
味醂…2匙
薑…2片
蒜…2瓣

作法

1. 豬瘦肉切片醃30分鐘。
2. 高麗菜、洋蔥切絲，高麗菜先泡冰水備用。
3. 鍋內放3匙油炒香洋蔥和蔥白段，再加入肉片一起拌炒。
4. 炒至肉約八分熟後加入醬汁，煮至收乾。
5. 盛盤，再擺上泡過冰水的高麗菜和番茄片，即完成。

蜂蜜 2匙

洋蔥 1/8顆

味醂 半匙

❶豬瘦肉切片醃漬30分

脆

泡冰水

❷高麗菜洋蔥切絲

1/8顆

❸ 3匙油炒香洋蔥絲,蔥白段 半根:
　　加入豬肉片

❹ 8分熟加入醬汁收乾

1小匙　3匙　　2匙　　2匙　　3新幹
　　　　　　　　　　　　　　2片
糖　　醬油　　水　　味醂　　薑蒜泥

熱炒海瓜子

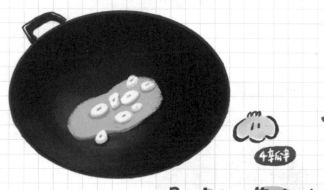

辣瓜辛

0 3匙油加入蒜末炒香

材料

海瓜子…1斤（600克）
蒜瓣…4瓣
九層塔…1小把
辣椒…1條
油…3匙

調味料

醬油…1.5匙
米酒…1.5匙
沙茶醬…3匙

作法

1. 蒜瓣切末，鍋內加 3 大匙油炒香蒜末。
2. 再倒入調好的醬料炒香。
3. 放入海瓜子拌炒，蓋鍋蓋 3 分鐘。
4. 收汁後再加入九層塔和辣椒拌炒。
5. 起鍋。

3匙　1.5匙　1.5匙　3匙

②加入調好醬料

④收汁後加入九層塔 辣椒！

3mins ─③放入1斤海瓜子蓋蓋

三杯雞

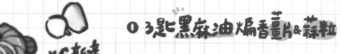

03 匙黑麻油煸香薑片&蒜粒

×5片

×6瓣蒜

② 買雞腿切塊煎至金黃

↓

少許	2匙	2匙	1匙	⅓碗
糖	醬油膏	米酒	醬油	水

材料

雞腿…1隻
薑…5片
蒜瓣…6瓣
辣椒…1條
九層塔…1小把
黑麻油…3匙

調味料

糖…少許
醬油膏…2匙
米酒…2匙
醬油…1匙
水…1/3碗

作法

① 鍋內倒入黑麻油煸香薑片和蒜粒。
② 雞腿切塊放入鍋煎至金黃。
③ 加入調好的醬汁翻炒。
④ 蓋上蓋子收乾醬汁。
⑤ 開大火加入辣椒和九層塔拌炒後關火盛盤。

③ 加入調好的醬汁翻炒

↓

小火 10mins!

④ 蓋上蓋子收乾醬汁

← 拌勻 大火

蚵仔煎

······· *Step Diagram* ·······

1匙
茉茄醬

味噌 1.5匙

海山醬 1匙

2小匙
糖

水 150 c.c.
WATER

❶ 調好醬料
小火煮沸，勾芡

❸2匙油海鮮煎熟

❷ 調好粉漿
太白粉 - 30g
在來米粉 - 3g
胡椒 - 少許
鹽 - 1小匙
水 - 90 c.c.

在來米粉

太白粉

材料

石蚵…6顆
蝦子…3隻
蛋…1顆
小白菜…1小把

粉漿材料

太白粉…30g
在來米粉…3g
胡椒粉…少許
鹽…1小匙
水…90cc

醬料

番茄醬…1匙
味噌…1.5匙
海山醬…1匙
糖…2小匙
水…150c.c.

作法

1. 將醬料放入鍋中以小火煮沸後勾芡，關火放涼備用。
2. 將全部粉漿材料加水攪拌均勻。
3. 起油鍋加入 2 匙油，放入石蚵和蝦子煎熟。
4. 再淋上 4 匙粉漿，放入小白菜和蛋。
5. 翻面後邊緣淋一圈油。
6. 起鍋淋上醬料，完成。

❹淋上4匙粉漿&小白菜&蛋

脆

❺翻面後邊緣淋一圈油

回鍋肉

材料

三層肉…100公克
豆乾…4片
蒜…3瓣
高麗菜…100公克

醬料

豆瓣醬…1匙
醬油膏…2匙
糖…1小匙
水…半碗

作法

1. 三層肉切成片。鍋中倒入 2 匙油炒香蒜瓣後放入三層肉煎香。

2. 放入豆干煎至金黃。

3. 調製醬料。

4. 鍋中倒入醬料和高麗菜以中火快炒 5 分鐘。

5. 起鍋盛盤即可以享用。

①2匙油炒香3瓣蒜
煎香三層肉片

②4片豆乾煎至金黃

③ 調製醬料

1匙
豆瓣醬

2匙
醬油膏

1小匙
糖

水
加至半碗

④ 加入醬汁 & 高麗菜
中火炒5分

客家小炒

❶魷魚乾泡發3小時
切小條狀

❸蒜片、蝦米爆香後
加入豆乾、魷魚

6瓣　1小撮

4片

❷三層肉切條
煸至金黃

④ 調製醬汁

2小匙
糖

2匙
醬油膏

1匙
醬油

⅓碗
水

⑤ 加入醬汁收汁
加入蔥&辣椒

材料

魷魚乾…1隻
三層肉…1片（300公克）
豆乾…4片
蝦米…1小撮
蒜…6瓣
蔥…1支
辣椒…1條

醬料

糖…2小匙
醬油膏…2匙
醬油…1匙
水…1／3碗

作法

1. 魷魚乾泡發3小時後切小條狀。

2. 三層肉切條入鍋煸至金黃。

3. 再加入蒜片、蝦米爆香，最後加入豆乾、魷魚拌炒。

4. 將所有醬料混合，調製成醬汁。

5. 醬汁倒入鍋中炒至收汁後，最後加入蔥、辣椒拌炒後即可起鍋。

紅燒排骨

材料

豬小排…300公克
蒜末…4瓣
蔥絲…適量
紅蘿蔔絲…適量
水…1／3碗

醬料
醬油膏…1匙
醬油…2匙
糖…2小匙
米酒…3匙

作法

1. 豬小排汆燙後撈出瀝乾。
2. 取一鍋子，用5匙油香煎排骨。
3. 排骨煎好後撈出，用原鍋的油炒蒜末。
4. 倒入及排骨，加入醬汁翻炒。
5. 蓋上鍋蓋以小火燜煮10分鐘。
6. 開蓋盛盤即可享用。

❶小排 汆燙撈出

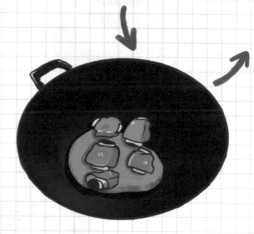

❷5匙油煎香排骨

1匙
醬油膏

2匙
醬油

2小匙
糖

3匙
米酒

半碗
水

④加入排骨&醬汁翻炒

蓋蓋小火 10 mins

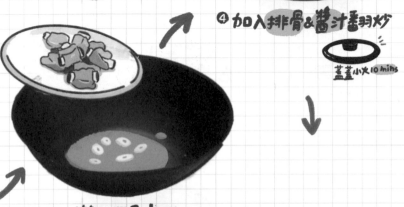

③撈出排骨底油
炒4新鮮蒜末

台式 打拋豬

······ Step Diagram ······

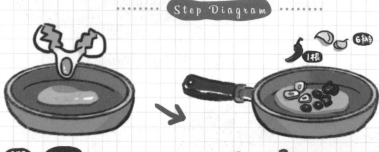

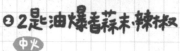

② 2匙油爆香蒜末·辣椒 中火

① 油燒熱打入蛋 轉小火煎半熟

④ 肉表面金黃後加入醬汁 中火

③ 加入小蕃茄醬翻炒
大火 再加入絞肉

豬絞肉…200公克
蒜末…6瓣
雞蛋…1顆
辣椒…1根
小番茄…8顆

醬料

醬油膏…0.5匙
醬油…1匙
糖…2小匙
魚露…1匙

作法

① 取一鍋子，倒油開火，油燒熱後打入蛋，轉小火煎至半熟後取出備用。

② 原鍋再倒入2匙油，爆香蒜末和辣椒。

③ 開大火加入小番茄翻炒，再加入絞肉一起炒。

④ 待肉炒至表面金黃後加入所有醬料炒勻。

⑤ 再煮1分鐘後加入九層塔即完成。

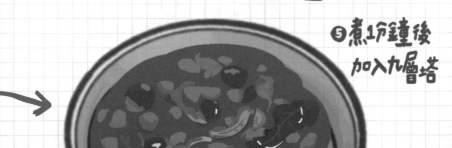

0.5匙 醬油膏　1匙 醬油　2小匙 糖　1匙 魚露

⑤煮1分鐘後
加入九層塔

我家就是異國餐館

韓式、日式、義式……
絕對比你想像中簡單

義式水煮魚

❶ 鱸魚抹鹽加入
2匙橄欖油煎

❸ 加入蒜末,小番茄,白酒
大火煮、3-5分

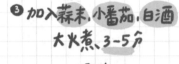

150ml
8顆
3新鮮

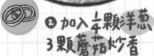

❷ 加入½顆洋蔥
3顆蘑菇炒香

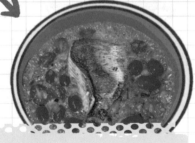

Mica

完成啦!是不是超級簡單(我的口頭禪哈哈,如果想吃點麵的也可以留點湯汁,加入義大利麵拌一拌,

聽起來就好好吃,這道魚料理非常適合減脂呀!
大家一起衝衝衝!

材料

鱸魚⋯1片
洋蔥⋯1/4顆
蘑菇⋯3顆
蒜末⋯3瓣
小番茄⋯8顆
九層塔⋯1小把

調味料

白酒⋯150ml
鹽⋯適量
黑胡椒⋯適量

作法

1. 鱸魚片抹上鹽後擦乾水分，加入 2 匙橄欖油煎至兩面金黃。
2. 用剩餘底油炒香 1/4 顆洋蔥和 3 顆蘑菇，如果油不夠可再加。
3. 炒至金黃後加入 8 顆切對半的小番茄、3 瓣蒜泥、150cc 白酒，以大火煮 3～5 分鐘，白酒的量為淹過魚肉厚度一半處。
4. 關小火加入九層塔翻拌均勻。最後加入鹽、黑胡椒調味。

❹ 加入一小把九層塔
翻拌，鹽＋黑胡椒調味

九層塔!!

豬肉泡菜鍋

❶ 加入540c.c.水
和厚度1.5cm的三層肉

❷ 加入半杯水
和其他配料

水滾後…中大火10mins

❸ 水滾後加入
大蔥 & 辣椒
3mins出鍋!!

半塊 豆腐

400g 發酵泡菜

1匙 蒜末

1.5匙 辣粉

半顆 洋蔥

半小匙 糖

半杯 水

1匙 醬油

x1匙蒜末　　x½顆　　x⅔根　　x2根　　x半塊

蒜頭　　洋蔥　　大蔥　　青陽辣椒　　板豆腐

材料

三層肉…80g
蒜末…1匙
洋蔥…1/4顆
大蔥…2/3根
青陽辣椒…2根
板豆腐 …半塊
發酵泡菜…400g
水…540cc

醬油…1匙
糖…半小匙
辣粉…1.5匙
水…半杯

作法

① 鍋內加入 540cc 的水和三層肉，以大火加熱，水滾後轉中小火煮 10 分鐘。

② 再加入半杯水，除了大蔥和辣椒外，其他材料和調味料全都放進鍋入。

③ 待水再次滾起後加入大蔥和辣椒，煮 3 分鐘後即完成。

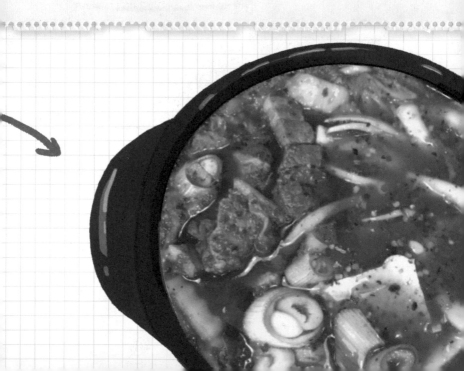

鮭魚茶泡飯

材料

鮭魚…100克
碎鮭魚…30克
蛋絲…1 顆蛋量
飯…1碗
海苔絲…少許
蔥花…少許

調味料

綠茶…1壺
管狀芥末醬…1條
茶泡飯料包…1包

作法

1. 鮭魚用黑胡椒、鹽醃漬 15 分鐘後，擦乾表面水分放入平底鍋煎熟後取出。
2. 另起一乾淨的平底鍋，倒油，蛋打散後倒入煎成蛋皮，待涼切成絲。
3. 沖泡一壺綠茶。
4. 取一個碗，依續放入白飯、蛋絲、鮭魚碎、鮭魚、醬油、海苔絲、蔥花、芥末醬，最後倒入綠茶即完成。

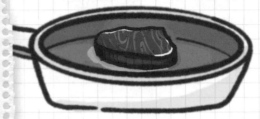

❶鮭魚用黑胡椒、鹽醃後煎熟
↳15mins

❷鍋中下油
1顆蛋打散煎

❸ 泡一壺綠茶

蔥花
茶泡飯料包

❹ 疊...

醬油
1匙

鮭魚

哇沙比

碎鮭魚

蛋絲

飯

綠茶

照燒鮭魚

① 2匙醬油 & 米酒
1匙檸檬汁,2茶匙蜂蜜

③ 醃後用紙巾吸乾

② 鮭魚片加入照燒醬,
³片× 薑片·蒜末 ×1顆醃 30mins

72 | 73

⑤ 倒入照燒醬煮至濃稠

材料

鮭魚…1片
薑片…3片
蒜末…1瓣

照燒醬調味料

醬油…2匙
米酒…2匙
檸檬汁…1匙
蜂蜜…2匙

作法

❶ 將醬油、米酒、檸檬汁、蜂蜜拌勻調成照燒醬。

❷ 鮭魚加入照燒醬、薑片、蒜末醃 30 分鐘。

❸ 醃好後用廚房紙巾擦乾。

❹ 平底鍋倒入 2 匙油，以小火煎至兩面上色。

❺ 倒入照燒醬煮至濃稠即可起鍋享用。

❹ 2匙油小火煎至雙面上色

泡菜炒烏龍

········ Step Diagram ········

1匙油炒香洋蔥 & 火腿

雞胸 + 杏鮑菇

水　韓式辣醬　韓式泡菜

加入半碗水 + 1匙辣醬
放入泡菜 + 雞胸塊 + 杏鮑菇

Mica

就完成啦！
是不是真的很簡單？
其中的配料大家可以自由選擇培根、午餐肉、小
香腸等等，清冰箱料理妥妥的，
這麼簡單不需要召喚廚房工具人了吧！
穿上圍裙動手做吧！

洋蔥…少許
火腿…1片
韓式泡菜…2大匙
杏鮑菇…1條
烏龍麵…1包
雞胸肉…1片

蛋…1顆
起司…1片
水…半碗

調味料
韓式辣醬…1大匙

作法

❶ 洋蔥和火腿用1匙油炒香。

❷ 加入半碗水和1匙韓式辣醬、韓式泡菜後，加入杏鮑菇雞胸肉塊。

❸ 收汁後加入烏龍麵翻拌，炒個2分鐘，記得要留一點湯汁喔！

❹ 裝盤放上蛋和起司。

PREP.

煎一顆蛋：

麵燙1min沖冷水

2 mins

收汁後加入烏龍麵翻炒

烏龍麵燙1分鐘，再用冷水沖泡一下，煎一顆漂亮的半熟蛋。

辣炒豬肉

❶ 三層肉切薄片
煎至…金黃…
+洋蔥絲&蔥白
炒香

洋蔥絲　蔥白片

糖 2小匙　水 半杯 100cc.

❷ 加入2小匙糖
拌勻+半杯水

2顆 洋蔥

半根 大蔥

蒜末1匙 大蒜

辣粉 2匙　蒜泥 1匙　辣醬 半匙　醬油 3匙

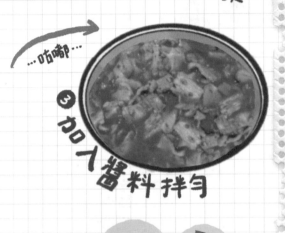

…咕嘟…

③ 加入醬料拌勻

 蔥綠段　 辣椒

④ 加入蔥綠&辣椒&香油1匙

材料

洋蔥…半顆（切絲）
大蔥…半支（蔥白切片、蔥綠切段）
蒜末…1匙
辣椒…少許

調味料

辣醬…半匙
醬油…3匙
辣粉…2匙
蒜泥…1匙

作法

① 300 公克三層肉切成片入鍋煎至金黃，洋蔥絲和蔥白下鍋炒香。

② 炒出蔥香後加入 2匙糖和 100cc 的水炒均勻。

③ 煮滾後，放入調好的醬汁翻炒攪拌。

④ 再加入蔥綠段和辣椒翻炒均勻，出鍋前淋上 1匙香油即完成。

Mica

如果你們想要更減脂一點，
可以用里肌肉取代喔！

安東燉雞

❶ 加入雞肉、醬汁、水 ×750g
中大火煮、12 mins   1杯

❸ 加入寬粉、水邊 3 mins！

5mins →

↓ ❷ 馬鈴薯塊、紅蘿蔔塊 ×200g ×100g
中大煮 8 mins 加入杏鮑菇 ×2小條

Mica

在煮的過程真的好香好香，
媽媽說我的廚藝進步很多，
不愧是獨自在國外生活的孩子哈哈哈，
嫂嫂跟姪女也都很喜歡這道料理。
對了！因為這道菜是屬於甜口的，
大家的糖量可以加減一匙，
自己試試味道後再來決定要不要再加。

材料

雞肉…750克
馬鈴薯塊…200克
紅蘿蔔塊…100克
杏鮑菇塊…2小條

醬汁的配比（以紙杯和
吃飯湯匙為標準）

醬油…2/3杯（140克）
米酒…1/2杯（90克）
香油…3匙（20克）
糖…5匙（80克）
薑末…1/3匙（5克）
蒜末…2匙（30克）
蔥末…1杯（80克）
水…1杯（180克）

作法

1. 鍋內加入雞肉、醬汁，以中大火煮12分鐘。
2. 放入馬鈴薯塊（200克）、紅蘿蔔塊（100克）中火煮8分鐘（紅蘿蔔要比馬鈴薯切小塊一點，馬鈴薯不要切太小塊不然會散光光）。
3. 加入杏鮑菇塊（2小條）中火煮5分鐘，如果加年糕的話在第3分鐘時加入。
4. 用水燙寬粉3分鐘。
5. 在鍋中加入燙好的寬粉小火煮2分鐘，如果想要有點辣，可以在這個步驟內加入辣椒段，最後擺上蔥絲裝飾就完成啦！

…醬汁配比…

紙杯　吃飯湯匙

2/3杯　1/2杯　1杯　3匙　5匙

醬油　米酒　水　香油　糖

1/3匙　2匙　1杯

薑末　蒜末　蔥末

2mins
小火

烤牛肉義大利麵

········ Step Diagram ········

① 3匙油炒香5瓣碎蒜 x 4顆

可用20g 蒜末替代

醬油 x2匙　糖 x2匙　依嗜辣度 七味粉　少許 黑胡椒

③ 牛肉半熟加入醬汁& 煮麵水

② 加入100g 牛肉

Mica

如果你有帕瑪森起司或起司粉，
請大膽的加上去，
起司這種東西沒有在嫌多的！

PREP.
加1小匙鹽&幾滴油!
煮至8分熟

④ 加入麵拌勻即可

材料

義大利麵⋯100g
牛肉⋯100克
蒜⋯5瓣
洋蔥⋯1/4顆

醬汁

醬油⋯2匙
糖⋯2匙
黑胡椒⋯少許
七味粉⋯依個人對辣
的接受度調整

作法

❶ 用 3 匙油炒香 5 瓣蒜、
1/4 顆洋蔥。（綜藝
節目裡是用 20 克蔥不
是洋蔥！所以如果要
做出同款可以參考。）

❷ 炒香後加入 100 克的
牛肉翻炒，建議不要
用太瘦的肉，會比較
乾！

❸ 牛肉半熟後加入醬汁
和兩大大勺（舀湯）
的煮麵水。（如果你
有乾辣椒，可以在作
法 1、2 之間放，就不
用七味粉了哈哈。）

❹ 加入煮好義大利麵！
翻炒均勻就完成啦！

牛丼飯

❹ 肉熟淋蛋液
關火蓋蓋!!

\推薦牛五花/
❸ 加入牛肉片

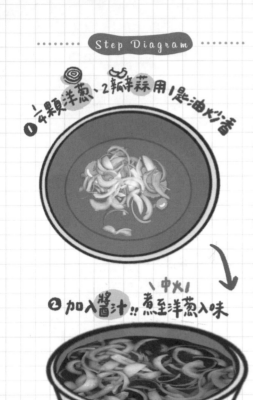

Step Diagram

① 1/4 顆洋蔥、2 瓣辛蒜用 1 匙油炒香

② 加入醬汁!!煮至洋蔥入味
↖中火↗

x2匙　　x半匙　　x半碗　　x4匙
醬油　　糖　　水　　味醂

材料

洋蔥…1/4顆（切絲）
蒜…2瓣（切碎）

醬汁
醬油…2匙
糖…半匙
味醂…4匙
水…半碗

作法

❶ 洋蔥切絲，蒜切碎，加入一匙油炒香。

❷ 鍋中加入醬汁，以中火煮至洋蔥入味。

❸ 洋蔥變深變軟後加入牛肉片，建議牛肉片選有脂肪的部位。

❹ 肉熟後淋上蛋液關火，蓋上蓋子燜至你要的蛋熟度。

Mica

結束後灑上蔥花和七味粉，
是不是超級簡單。
那個醬汁是我多次嘗試得出最好吃的配比，
甜鹹甜鹹有夠讚。

蕎麥涼麵

······ Step Diagram ······

❶ 蕎麥麵煮熟後
過 冰塊水‼

❸ 小黃瓜切絲
番茄 / 蘋果切片

❷ 雞胸撕成絲

雞胸肉…1塊
小黃瓜…半條
蘋果…1/4顆
番茄…半顆
蕎麥麵…1把
半熟蛋…半顆

醬汁

醬油…3匙
糖…1小匙
魚露…1匙
白醋…3匙
水…350cc
芝麻…適量

作法

1. 蕎麥麵煮熟後泡入冰塊水。
2. 雞胸肉燙熟後撕成絲。
3. 小黃瓜切絲、番茄、蘋果切片。
4. 將醬汁的材料全部混合。
5. 將蕎麥麵瀝乾放入食器裡，擺上雞絲、半熟蛋、蘋果片、小黃瓜絲、番茄片，沾附醬汁即可以食用。

大醬湯鍋

牛肉片 5分熟 → 水 2碗

韓國大醬 2匙　蘿蔔

加入蘿蔔和大醬

煮至湯滾

☆☆☆
然放涼後再次加熱

辣粉 半匙　蒜泥 1匙

加入剩餘食材&調味

咕嘟
5mins

材料

牛肉片…100公克
蘿蔔…50公克
櫛瓜…30公克
板豆腐…半塊
蔥…1/3段
洋蔥…1/4顆
青辣椒…2條
紅辣椒…1條

醬汁材料

韓國大醬…2匙
水…2碗
辣粉…半匙
蒜泥…1匙

作法

1. 取一鍋子，下牛肉片煎至五分熟後，倒入 2 碗水。
2. 再加入韓國大醬和蘿蔔煮至湯滾。
3. 關火自然放涼後，再次加熱。
4. 加入所有食材及辣粉、蒜泥調味。
5. 再煮個 5 分鐘後即完成。

海鮮煎餅

PREP.

海鮮湯煮熟

加入海鮮&攪拌

蔥絲　洋蔥絲　紅蘿蔔絲

100g 煎餅粉　100g 淨水　x1數 蛋

粉漿!

2-3大匙油燒熱

中火煎 2-4 mins

翻面

中火煎 → 壓 → 大火煎脆!

切!

材料

洋蔥絲…1/8顆
紅蘿蔔絲…一點點
蔥絲…1根
蝦子…5隻
干貝…2顆
魷魚…1隻

粉漿材料

煎餅粉…100公克
冷水…100公克
蛋…1顆

醬汁材料

醬油…2匙
糖…1匙
白醋…1匙
水…1匙
蒜泥…少許
芝麻…少許

作法

1. 先煮一鍋水將海鮮燙熟。
2. 調製粉漿。
3. 粉漿調製完成後,加入已燙熟的海鮮、蔥絲、洋蔥絲、紅蘿蔔絲拌勻。
4. 取一個平底鍋,倒入 2～3 大匙油並燒熱。
5. 開中火,倒入粉漿煎 2～4 分鐘後翻面,將煎餅壓扁再以大火煎至酥脆。
6. 盛盤切片後即可以享用。

→ 可用麵粉100g,玉米粉30g取代(再多加1顆蛋)

入言顆   一點!   X1根   X1-2顆

煎餅粉   洋蔥   紅蘿蔔   蔥   蛋   蝦子   干貝   魷魚

・醬油 2
・糖 1
・白醋 1
・水 1
・蒜泥 少許
・芝麻 少許

嫩豆腐鍋

香油
2匙

洋蔥丁
⅛顆

蔥白丁
⅓段

水
2碗

辣粉
2匙

蒜泥
1匙

糖
3小匙

炒香…

醬油
2匙

加入醬油繼續炒
1min

加入嫩豆腐&切碎泡菜

材料

泡菜…100公克
豆腐…半塊
蛋…1顆
洋蔥…1/8 顆
蔥白丁…1/3支
蒜泥…1匙
水…2碗

調味料

香油…2匙
辣粉…2匙
糖…3小匙
醬油…2匙

作法

1. 在鍋中倒入 2 匙香油炒香洋蔥丁。
2. 加入醬油繼續炒 1 分鐘。
3. 倒入水、辣椒粉、蒜泥、糖煮滾。
4. 加入嫩豆腐和切碎的泡菜煮個 5 分鐘。
5. 起鍋前打入蛋和加入蔥白丁即完成。

蒜　蔥　洋蔥

蛋　豆腐　泡菜

出鍋前
打入蛋 蔥白!

咕嚕 5 mins

低熱量高蛋白

絕對好吃，妥妥減脂健康餐

烤麦面包！

芒果海鮮沙拉

芒果
半顆

番茄
半顆

酪梨
半個

生菜

酸甜醬

蝦仁

5隻

魷魚

材料

生菜…半顆
番茄…半顆（也可以改
用小番茄6顆）
芒果…半顆
酪梨…半顆
蝦子…5隻
魷魚…半隻

酸甜醬

橄欖油…2匙
蜂蜜…1匙
檸檬汁…1匙
鹽…適量
黑胡椒…適量

作法

❶ 大家也可以加自己喜
歡的食材喔！重點是
在沙拉醬。

❷ 攪拌均勻，這樣就完
成啦！

Mica

清爽的酸甜沙拉，真的很消暑又開胃！
低熱量高蛋白勺海鮮，妥妥減脂餐，大家衝呀！

鮭魚蕈菇燴飯

❶ 加入油+2瓣碎蒜
+醃鮭魚每面3mins

治治!

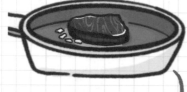

❸ 加入2瓣碎蒜末 & 1小塊奶油

紅蘿蔔

杏鮑菇

香菇

❷ 蒜油炒香洋蔥後
大火炒軟紅蘿蔔&菇

Mica

是不是超級簡單的又看起來美味 100 分呢？
減脂人、健身人一起衝呀！

材料

鮭魚…半片
蒜頭…2瓣
洋蔥…4顆
紅蘿蔔…3片（切絲）
菇類…半碗
隔夜飯…1碗

調味料

奶油…1小塊
鹽…1小匙
黑胡椒…適量

作法

1. 加入 1 匙油、2 瓣蒜（拍開即可），鮭魚每面各煎 3 分鐘，側面記得也要煎喔！

2. 鮭魚拿出用餘油炒 1/4 顆洋蔥絲、炒香後加入紅蘿蔔絲、菇類用大火炒軟。

3. 加入 2 瓣蒜末、1 小塊奶油翻拌均勻，如果是用有鹽奶油那後續鹽要自己減量喔！

4. 加入隔夜飯和 1 小匙鹽、黑胡椒調味後就完成囉！

④加入隔夜飯 小匙鹽&黑胡椒

PREP.

30mins...
醃漬!

滿分 蛤蜊蒸蛋

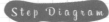
Step Diagram

❶蛤蜊蒸熟!!

❸水:雞蛋＝2:1

、用蛋殼當
量杯／

x8個
蛤蜊湯＋水

❷打入2顆蛋

*蓋子*下墊
1根筷子

❺外鍋放
碗7分滿的水
12mins!!

Mica

小細節才能成就滿分的蒸蛋!
蒸蛋以單位重量來說,熱量是最低的!
而且準備起來很方便!
裡面可以加入蝦子、雞肉和蛤蜊這些優質蛋白,
是穩妥妥的減脂餐。

材料

蛤蜊⋯8顆
蛋⋯2顆
水⋯8蛋殼水量

調味料
醬油⋯0.5蛋殼

作法

① 電鍋外鍋加半碗水蒸蛤蜊。

② 碗內打入兩顆蛋，可以用蛋殼當量杯（一邊的蛋殼算一個）。

③ 碗內加入蛤蜊湯、水（8個蛋殼）。蛤蜊湯和水為雞蛋的兩倍。蛤蜊湯加完後以水來補（記得濾沙）。

④ 把蛋液、蛤蜊肉、醬油攪拌均勻。醬油為半個蛋殼量。蛋液要先過篩。

⑤ 外鍋放一碗7分滿的水，蒸12分鐘（蓋子下面墊一根筷子，不讓蓋子完全密合，這樣口感才會綿密！）。

＊蛋液
可先過篩

④蛋＋蛤蜊肉＋醬油攪勻

x0.5個

香烤馬鈴薯

❶ 馬鈴薯洗淨、去皮

橄欖油　　義式香料　　鹽

❷ 馬鈴薯切小塊

❸ 加入調料搖至均勻

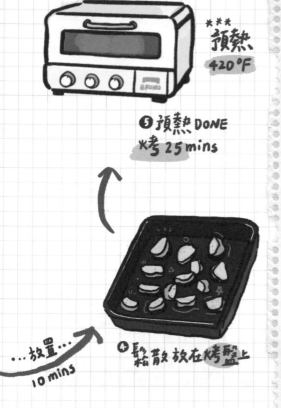

預熱 ✱✱✱
420°F

❺ 預熱 DONE
烤 25 mins

❹ 鬆散放在烤盤上

...放置...
10 mins

材料

白玉馬鈴薯⋯8顆

調味料
橄欖油⋯2匙
義式香料⋯適量
鹽⋯適量

作法

❶ 烤箱先以 420F/210C 預熱！馬鈴薯不去皮洗乾淨！

❷ 把馬鈴薯切小塊。

❸ 在碗裡面加入橄欖油、義式香料、鹽搖拌勻，要讓馬鈴薯每面都均勻上了一點油。

❹ 將馬鈴薯平鋪在烤盤上。

❺ 預熱完成，烤25分鐘，（烤到可以用筷子戳一下，就能穿透時就OK。）

Mica

不知道大家有沒有吃過寶寶馬鈴薯，
這品種聽起來超可愛哈哈，
在台灣好像比較難買到，好市多有賣！
我自己超喜歡的！吃起來口感糯糯的，味道香香的，之前去朋友家作客！她用了他室友的食譜，做出超好吃的烤馬鈴薯，我馬上衝去禮貌詢問，可不可以畫成食譜跟大家分享 Thanks！@slkh89

蒜香檸檬蝦

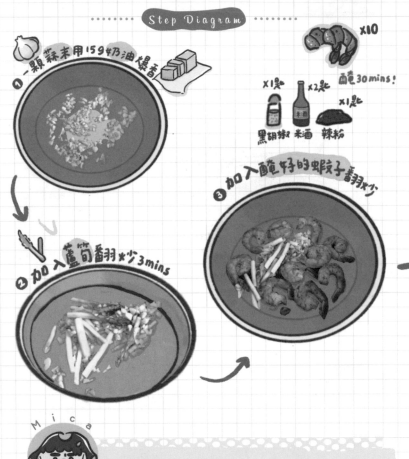

① 一顆蒜末用15g奶油爆香

x10

醃 30mins！

x1匙　　x2匙　　x1匙

黑胡椒　米酒　辣粉

③ 加入醃好的蝦子翻炒

② 加入蘆筍翻炒 3mins

Mica

麵包配蝦子真的好搭，熱量不高又好吃加上高蛋白真的是 100 分呀！如果想更減脂一點，可以在作法 1 用橄欖油代替奶油。

蝦子…10隻
蘆筍…5支
蒜末…1整顆蒜頭量
麵包…2片

調味料

奶油…15克
糖…半小匙
檸檬汁…1/8瓣

① 1 顆蒜末用 15 克奶油爆香。

② 加入蘆筍翻炒 3 分鐘（蘆筍記得去皮）。

③ 加入抓醃好的蝦子翻炒至全熟。

④ 出鍋前加入一小塊奶油、糖半小匙。如果喜歡鹹口一些可以加一點鹽。

⑤ 擠上檸檬汁（大概 1/6 顆）並烤麵包！

④出鍋前加入一小塊奶油、糖半小匙

烤麵包！

擠上檸檬汁

燕麥奶燉雞

x1顆

蒸熟的/

④加入馬鈴薯 → 5mins 菠菜 x1小把 1min

③加入沒過肉一半的燕麥奶,中小火煮滾

······· Step Diagram ·······

x3瓣蒜頭　　　x5朵

15g

❶ 奶油中火炒香蘑菇&蒜末
(有鹽)

x2塊

❷ 加入去皮雞腿肉排至金黃

材料

雞腿排…2片
馬鈴薯…1顆
菠菜…1小把
蒜頭…3瓣
蘑菇…5朵
燕麥奶…1瓶
有鹽奶油…15克

作法

❶ 用 15 克的有鹽奶油中火炒香
3 瓣蒜頭、5 朵小蘑菇。如
果只有無鹽奶油也沒關係，
出鍋前試味道再少量加鹽。

❷ 加入去 2 塊去皮雞腿排。這
邊推薦去皮，一是因為減脂，
二是因為吃起來比較不會太
膩。

❸ 雞腿排煎至金黃後加入沒過
肉一半的燕麥奶，小火煮滾。

❹ 加入蒸熟的小馬鈴薯塊，蓋
上蓋子煮 5 分鐘後，再加入
菠菜，再加蓋煮 1 分鐘（如
果你的馬鈴薯塊是生的，在
作法 1 時就放下去炒）。

❺ 出鍋前灑上義式香料，完成。

Mica

可以自己試一下味道再慢慢加鹽，
我自己是都沒有加喔，因為我的是義式香料鹽。
有沒有人也愛燕麥奶的！
相比牛奶入菜，燕麥奶有一樣的濃郁！
但是又不會有白色渣渣出現的問題，推薦大家試
試看！

莎莎能量碗

材料

雞胸肉丁…1片
蛋…1顆
生菜…2片
白飯…1碗
蒙特婁粉…適量

莎莎醬材料

番茄丁…半顆
洋蔥丁…1/8顆
蒜末…2瓣
檸檬…幾滴

作法

1. 雞胸肉放入含 5.5% 的鹽水中放入冰箱中醃 2 小時。
2. 取出雞胸肉擦乾水分切丁，平底鍋熱鍋倒油，放入雞胸丁及打一顆蛋香煎。
3. 碗中先盛飯並鋪上生菜，再放蛋和雞丁，最後放上莎莎醬灑上蒙特婁粉後即可享用。

莎莎醬作法

1. 煮一鍋水。
2. 番茄屁股劃十字後放入滾水汆燙去皮！
3. 番茄切丁、洋蔥切丁、蒜瓣切末，擠入檸檬汁後拌勻備用。

❶ 番茄屁股劃十字
放滾水汆出去皮

❷ 製作莎莎醬

半顆　　　⅛顆

番茄丁　　洋蔥丁

2瓣　　幾滴

蒜末　　檸檬

蒙特專粉
莎莎醬
雞胸
蛋
生菜
飯

醃2hr
5.5%鹽水

③煎香雞胸肉丁蛋

酪梨鮮蝦沙拉

燙熟
沖冷水

撕小塊
生菜

水煮蛋

×

蝦仁

水滾關火下蛋蓋蓋

材料

生菜…3片
水煮蛋…1顆
酪梨…半顆（一半切塊一半做醬）
培根…2片
蝦仁…5隻

酪梨醬

無糖優格…2匙
檸檬汁…1/4匙
鹽…半小匙
黑胡椒…適量

作法

① 煮一鍋水，水滾放入生蛋蓋上蓋子煮 8 分鐘。

② 蝦子燙熟沖過濾水降溫、生菜撕小塊、1/4 顆酪梨切塊、培根煎至香脆！

③ 把酪梨醬材料全部攪拌均勻，備用。

④ 取一個碗，依續放入生菜、培根、酪梨、半熟蛋、蝦子，最後再放入酪梨醬，即可享用。

一半切塊，一半做醬

酪梨

x2匙 無糖優格

x¼檸檬汁

酪梨醬

培根

培根煎脆

凱撒醬

2匙　半匙　1小匙　適量

希臘優格　橄欖油　黃芥茉　黑胡椒　鹽

氣炸200℃ 15mins
翻面刷蜂蜜180℃ 4mins

栗子南瓜

雞胸肉
醃2hr
5.5%鹽水

材料

凱撒沙拉材料
栗子南瓜…1／4顆
雞胸肉…1片
番茄…半顆

黃瓜沙拉材料
小黃瓜…1條
筆管麵…50公克
蝦子…4隻
干貝…2顆

凱撒醬材料
希臘優格…2匙
橄欖油…半匙
黃芥茉醬…1小匙
黑胡椒…適量
鹽…適量

小黃瓜醬材料
黃瓜泥…1小段
蒜泥…2瓣
希臘優格…2匙
黑胡椒…適量
鹽…適量

小黃瓜

筆管麵

蝦+干貝

黑胡椒　鹽

蒜泥　　黃瓜泥

2新鮮　　小段　　適量

2匙　GREEK YOGURT

希臘優格

小黃瓜醬

黃瓜沙拉

作法

凱撒沙拉作法

① 將凱撒醬的所有材料混合攪拌均勻備用。

② 將栗子南瓜切塊，以攝氏 200 度氣炸 15 分鐘，翻面刷蜂蜜後再以攝氏 180 度氣炸 4 分鐘。

③ 雞胸肉先用 5.5% 濃度的鹽水浸泡醃 2 小時。

④ 擦乾水分切塊後，香煎備用。

⑤ 番茄切片。

⑥ 將烤南瓜、雞胸、番茄等裝盤，淋上凱撒醬後即可以享用。

黃瓜沙拉作法

① 將小黃瓜醬的所有材料混合攪拌均勻備用。

② 小黃瓜切小塊。

③ 起一鍋水煮筆管麵煮好後，瀝乾備用。

④ 起一平底鍋香煎蝦及干貝。

⑤ 將筆管麵、蝦、干貝、小黃瓜塊裝盤，淋上小黃瓜醬後享用。

美味料理，
一起這樣畫！

iPad App / PROCREATE 教學

YES NO!

iPad知名繪畫應用App「PROCREATE」功能豐富又完善，內建海量筆刷、超多功能圖層、畫布質感好、連動畫製作也OK！《吃可愛長大！》全書作品都是使用「PROCREATE」所繪製心動嗎？就讓咪卡教你學會這套超酷的繪圖工具吧！

PROCREATE
小教室

我常用的
快捷鍵

點
上一步

點
下一步

-長按-   NEW!
吸顏色

點
形狀
標準化

顏色
填充
拖拉…

我常用的
筆刷

火絨盒 　上色用!!

糖漿 　寫字用

6B鉛筆 2 草稿用

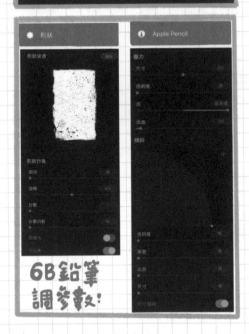

形狀 　　　Apple Pencil

形狀來源

形狀行為

**6B鉛筆
調參數!**

手繪食譜步驟

0 決定色調

邊框　字1　字2

筆頭　標題　重點

2 料理照去背

3 寫標題

④畫輪廓

 框線 N☑

⑤上色

 框線 N☑

 塗色 N☑

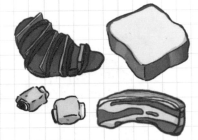

⑥說明

 文字 N☑

 重點 N☑

放上2片培根

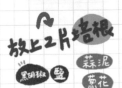
黑胡椒　鹽　蒜泥　蔥花

⑦整理圖層

圖層 ＋
STEP1 >☑
STEP2 >☑
料理 N☑

PROCREATE
駭客

怎麼畫不骨蕪的陰影?

骨蕪 / 自然

抓不準陰影色　　　利用 色彩增值

··新增圖層··

陰影 N ✓

色彩增值 ％

正常 N

吸取底色

疊在底色上

陰影 M ✓

透明度 35%

調整透明度

 找不到圖層!!

POV:當你完工發現

這口舍米

找不到在哪

圖層	+
圖層 10	N ☑
圖層 25	N ☑
圖層 28	N ☑
圖層 35	N ☑
圖層 42	N ☑
圖層	

 操作

偏好設定

手勢控制

圖層選擇

角蜀碰

	圖層 46

 Find you!

塗色不出界

 YES NO!

方法1

圖層	+
線稿	N ☑
上色	N ☑

阿爾法鎖定 ✓

同一圖層

方法2

圖層	+
線稿	N ☑
↳ 新增圖層	N ☑
上色	N ☑

剪切遮罩 ✓

不同圖層

PROCREATE
駭客

當你需要照片參考

🔧 **操作**

N 偏好設定

參照 ⬤

參照 ✕

圖像

怎麼擷取照片顏色

EX:

調色板 ─ +

輕巧　色卡

調色板

來自照片新的 🖼

來自圖像的調色板 ···

BEFORE...

AFTER...

後記

Post script

讓可愛的食材小夥伴陪你輕鬆闖關，
挑戰美味的料理！

呼～終於畫完了！謝謝大家對於這本書的支持，誠心的感謝！

在創作過程中，我也發現自己的成長，包括廚藝的增進、繪畫的能力還有拍攝的技術，很感謝野人出版社給我這次機會，也謝謝身邊的家人、朋友對我的支持和鼓勵！能在工作之餘和大家分享美食、運動、料理和生活真的很幸福。

書中每一道料理都裝載著很多情感，不管是媽媽的愛、和朋友一起下廚的快樂、對於生活的追求、在海外生活的回憶，我將這些味道用手繪的方式記錄下來，他不只是一本食譜，他更像是一個闖關遊戲書。第一步、第二步、第三步，嘗試新的料理一直以來都是一項挑戰，這本書可以陪你用輕鬆、簡單和可愛的方式闖關，裡面有可愛的食材小夥伴陪你挑戰！

在這邊還是再次 shout out 給我的家人、好朋友們！我真的愛你們，沒有你們沒有今天的吃可愛長大的咪卡。
（抱）

bon matin 148

吃可愛長大！

料理網紅、手繪插畫家都是咪卡！美食 or 減脂、畫畫 or 微健身，我全都要啦～

作　　　者	咪卡
社　　　長	張瑩瑩
總　編　輯	蔡麗真
美 術 編 輯	林佩樺
封 面 設 計	謝佳穎
責 任 編 輯	莊麗娜
行銷企畫經理	林麗紅
行 銷 企 畫	蔡逸萱，李映柔
出　　　版	野人文化股份有限公司
發　　　行	遠足文化事業股份有限公司（讀書共和國出版集團）

　地址：231 新北市新店區民權路 108-2 號 9 樓
　電話：（02）2218-1417
　傳真：（02）86671065
　電子信箱：service@bookreP.com.tw
　網址：www.bookreP.com.tw
　郵撥帳號：19504465 遠足文化事業股份有限公司
　客服專線：0800-221-029

特 別 聲 明：有關本書的言論內容，不代表本公司／出版集團之立場與
　　　　　　意見，文責由作者自行承擔。

法律顧問　華洋法律事務所　蘇文生律師
印　　製　凱林彩色印刷股份有限公司
初　　版　2023 年 8 月 30 日

有著作權　侵害必究
歡迎團體訂購，另有優惠，請洽業務部
（02）22181417 分機 1124

國家圖書館出版品預行編目（CIP）資料

吃可愛長大！／咪卡著 . -- 初版 . -- 新北市：野人文化股份有限公司出版：遠足文化事業股份有限公司發行，2023.09　128 面；13×19 公分
ISBN 978-986-384-901-8（平裝）　1.CST: 食譜
427.1
112012909

野人文化
讀者回函卡

感謝您購買《吃可愛長大 》

姓　名　　　　　　　　□女 □男　年齡

地　址

電　話　　　　　　　　手機

Email

學　歷　□國中(含以下)□高中職　□大專　　□研究所以上
職　業　□生產/製造　□金融/商業　□傳播/廣告　□軍警/公務員
　　　　□教育/文化　□旅遊/運輸　□醫療/保健　□仲介/服務
　　　　□學生　　　□自由/家管　□其他

◆你從何處知道此書？
　□書店　□書訊　□書評　□報紙　□廣播　□電視　□網路
　□廣告DM　□親友介紹　□其他

◆您在哪裡買到本書？
　□誠品書店　□誠品網路書店　□金石堂書店　□金石堂網路書店
　□博客來網路書店　□其他_____

◆你的閱讀習慣：
　□親子教養　□文學　□翻譯小說　□日文小說　□華文小說　□藝術設計
　□人文社科　□自然科學　□商業理財　□宗教哲學　□心理勵志
　□休閒生活（旅遊、瘦身、美容、園藝等）　□手工藝／DIY　□飲食／食譜
　□健康養生　□兩性　□圖文書／漫畫　□其他

◆你對本書的評價：（請填代號，1. 非常滿意　2. 滿意　3. 尚可　4. 待改進）
　書名_____封面設計_____版面編排_____印刷_____內容_____
　整體評價_____

◆希望我們為您增加什麼樣的內容：

◆你對本書的建議：

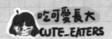

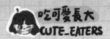
吃可愛長大
CUTE_EATERS